8

V PIECE

19651

La mobilisation générale des capitaux en France

Auguste Roch

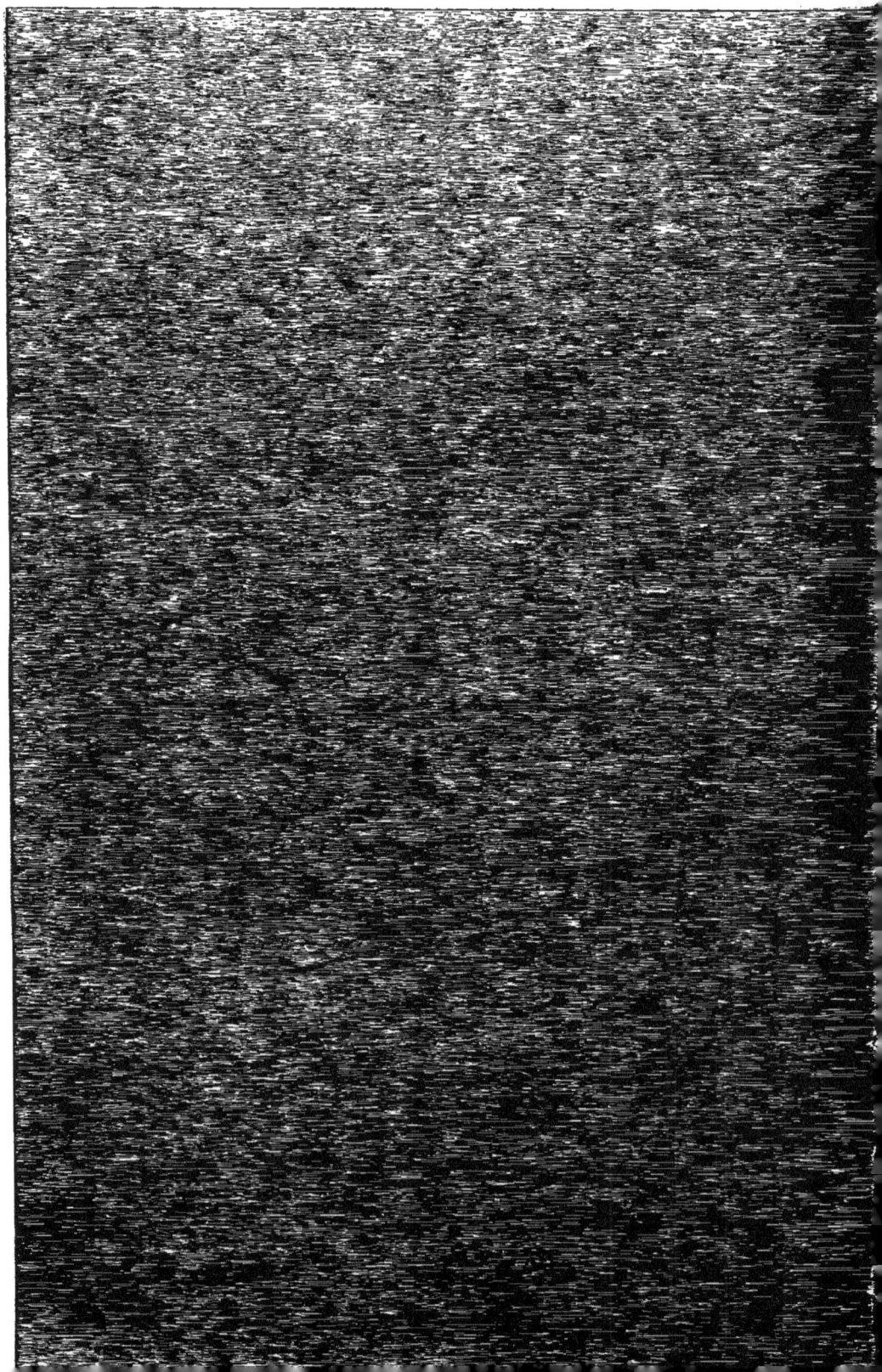

8° V pièce
19651

La Mobilisation générale
des Capitaux en France

PAR

M. Auguste ROCH

EN VENTE

IMPRIMERIE DE VAUGIRARD

152, rue de Vaugirard, a Paris

—

1919

La Mobilisation générale

des Capitaux en France

PAR

M. Auguste ROCH

EN VENTE

IMPRIMERIE DE VAUGIRARD

152, rue de Vaugirard, à Paris

—

1919

Ⓒ

A M. POINCARÉ
Président de la République

A M. CLEMENCEAU
Président du Conseil des Ministres

PRÉFACE

Afin de rendre un hommage bien mérité à M. Poincaré, Président de la République, qui a toujours affirmé sa confiance dans le succès final et a fait tout ce qu'il fallait pour l'obtenir, et à M. Clemenceau, Président du Conseil des Ministres, que tous les citoyens doivent honorer, pour avoir fait la guerre, et rien que la guerre au lieu d'user son énergie dans les détails secondaires de la politique, il leur est fait la dédicace de ce modeste opuscule, comme un témoignage de reconnaissance et de confiance à ces deux grands et bons Français, qui ont beaucoup contribué à la victoire, et pourront de même, par leurs hautes fonctions et leur esprit décisif, contribuer à surmonter les difficultés que la paix prochaine ne fera pas disparaître complètement, car, comme la guerre, elles demanderont à être solutionnées par l'application de mesures susceptibles de les résoudre, si l'on veut que l'après-guerre soit gagnée comme a été gagnée la guerre.

Cette petite brochure a pour but d'améliorer la situation financière, qu'une longue guerre a forcément compliquée et qui est de la plus grande importance pour l'avenir.

En s'adressant d'abord aux premiers magistrats de la France, l'auteur les prie de faire étudier son projet et serait très heureux s'il avait contribué à diminuer les charges que nous laissera la guerre.

La Mobilisation générale des Capitaux
Un nouveau Billet de banque-obligation

R F — BIBLIOTHÈQUE — IMPRIMÉS

L'indemnité de guerre.

Dans toutes les guerres qui ont désolé l'humanité, ce sont toujours les vaincus qui ont été obligés de payer les frais de guerre des vainqueurs. Il serait donc juste que les Boches et les Austro-Bulgaro-Turcs indemnisent les Alliés et nous, de tous les débours et dommages occasionnés par la guerre, puisqu'ils ont voulu cette guerre, dans un but de rapine et de domination.

Or, les dépenses des Français et des Alliés se montent actuellement à près de mille milliards, et elles continueront à augmenter jusqu'à la fin de la démobilisation. De quelle manière faire payer des sommes aussi considérables, que tous les biens des ennemis ne pourraient pas acquitter ?

Ils doivent tout payer, mais comment ? Voilà la difficulté.

Jamais les anciens belligérants ne s'étaient trouvés devant un problème aussi difficile à résoudre, que celui qui se présente actuellement, et cependant il n'est pas insoluble.

Il y a d'abord chez nos ennemis des capitaux importants qu'ils pourraient nous remettre, mais qui ne représentent qu'une infime partie de l'indemnité de guerre. Leurs nombreux rois et princes, auteurs de cette guerre, ont des fortunes qui pourraient être confisquées au profit des Alliés. Ils ont des colonies et territoires qui indemniseraient une partie de leurs dettes de guerre.

Ensuite, il faudrait les obliger à payer aux vainqueurs une indemnité annuelle de douze milliards, pendant

75 ans, représentant à 5 % un capital de 240 milliards, qu'ils pourraient fort bien acquitter si on leur imposait les conditions suivantes :

1° L'interdiction d'entretenir des armées de terre et de mer produirait une économie d'au moins trois milliards par an ;

2° Un impôt supplémentaire et progressif sur les successions pourrait donner deux milliards environ ;

3° Une redevance sur les chemins de fer qui leur appartiennent en partie ; sur les mines, les forêts de l'État, les grandes compagnies métallurgiques et de navigation, etc... apporterait également quelques milliards ;

4° Des droits d'entrée sur les matières premières et sur la sortie des objets fabriqués auraient de bons résultats, et ce serait surtout le meilleur moyen de défendre notre industrie contre la concurrence effrénée des Boches, qui à leur tour et ce serait justice, payeraient un prix plus élevé les matières nécessaires à l'industrie, et ne pourraient plus accaparer les marchés étrangers et les nôtres.

Une annuité de douze milliards gagerait des emprunts se montant à 240 milliards à 5 % : cependant à ce taux et même à un taux plus élevé, il serait presque impossible de trouver à emprunter des sommes aussi importantes, venant s'ajouter aux emprunts déjà faits par les puissances amies, qui n'ont pas encore couvert toutes leurs dépenses par des emprunts, et qui ne pourraient pas les contracter sans nuire à leur commerce et à leurs industries, qui auront aussi besoin de se développer après la guerre.

Ce grave inconvénient de la situation actuelle peut être évité par la création d'un nouveau billet de banque, qui serait en même temps une obligation et un bon du Trésor, comme je vais en faire la démonstration.

Le billet d'Etat.

Supposons qu'il revienne à la France quatre milliards par an sur cette annuité de douze milliards. Si elle voulait, en gageant cette annuité, faire un emprunt de 80 milliards, elle ne pourrait le faire qu'à un taux très élevé, en absorbant la plus grande partie de ses capitaux et en faisant appel aux capitaux étrangers, qui seront également sollicités pour les besoins de leurs gouvernements.

La difficulté disparaît et il en serait tout autrement, si l'on fondait en France une banque ou caisse spéciale, qui émettrait pour 80 milliards de billets de banque-obligations, qu'on pourrait désigner sous le nom de billets de l'Etat, pour ne pas les confondre avec les billets de la Banque de France. Ces billets d'État seraient remis à l'État, qui déléguerait à cette banque les quatre milliards annuels de l'indemnité et garantirait de plus les nouveaux billets.

Ces billets d'État auraient cours légal et rapporteraient 3 % d'intérêt. Ils porteraient 36 coupons payables tous les premiers du mois, dans les bureaux de poste et de tabac, chez les percepteurs et les banquiers, à raison de 0 fr. 25 par billet de 100 francs, 1 fr. 25 pour ceux de 500 francs et 2 fr. 50 pour ceux de 1.000 francs, sans aucune retenue, les receveurs étant payés par la Banque de l'État par une remise. Les billets d'État auraient environ la dimension du billet actuel de 500 francs, la moitié serait occupée par les coupons portant la date de leur échéance, l'autre moitié par les dessins destinés à éviter les contrefaçons, et par les indications habituelles.

Ainsi, tous les fonds de roulement des administrations, banques, villes, industriels, négociants, cultivateurs, rentiers, propriétaires, ainsi que ceux de l'État porteraient des intérêts à 3 %, et, de même que pour la défense du territoire et l'indépendance de la France, on a mobilisé tous les hommes valides, en état de rendre des services, on mobiliserait, au profit de l'État et de tout le monde, tous les capitaux en circulation, pour les luttes de l'après-guerre, qui pour être moins sanglantes, n'en seront pas moins âpres et difficiles.

Les nouveaux billets seraient certainement plus recherchés que les billets actuels et même que les monnaies d'or et d'argent, qui ne produisent rien, s'ils restent dans les portefeuilles ou dans les caisses.

Pour éviter la spéculation à la hausse ou à la baisse sur les billets d'État, ce qui compliquerait les échanges et leur circulation, il serait interdit de les coter à la Bourse, et de les vendre ou acheter à un cours plus élevé que leur taux nominal.

Bénéfices.

La Banque de l'Etat recevant tous les ans les quatre milliards de l'indemnité de guerre, représentant à 5 % les 80 milliards de billets remis à l'Etat, et ne payant d'autre part que 3 % aux porteurs de billets, soit deux milliards 400 millions, il lui resterait un bénéfice brut de 1.600 millions.

En comptant 5 % de frais de recouvrement, pour les remises aux différents receveurs de coupons et pour le renouvellement tous les trois ans des billets, et 5 % pour les dépenses de la Banque, soit en tout 240 millions par an, il resterait un bénéfice net de 1.360 millions qui seraient capitalisés pour la reconstitution du capital de 80 milliards.

Or, d'après le barème du Crédit foncier et au taux de 4,30 % d'intérêt, il suffisait avant la guerre de payer à cet établissement une somme de onze cent six francs par an, en plus des intérêts, pour amortir complètement en trente-sept ans et demi, un emprunt de cent mille francs. Au même taux, la capitalisation à intérêts composés d'une somme de 884 millions 800 mille francs amortirait totalement un emprunt de 80 milliards en trente-sept ans et demi.

Cet amortissement fait, il resterait encore un bénéfice de 475 millions, pour constituer des réserves et faire face aux imprévus.

Si l'Etat voulait emprunter 80 milliards, aux mêmes conditions que le dernier emprunt, il s'engagerait à payer un intérêt de 5,65 % et à rembourser 113 milliards en chiffres ronds dans vingt-cinq ans, tandis qu'avec les billets d'Etat, son emprunt est amorti en trente-sept ans et demi, il pourrait alors contracter un nouvel emprunt de 80 milliards à la Banque de l'Etat, qui serait amorti trente-sept ans et demi après, en même temps que la dernière annuité de guerre.

Ce seraient déjà de beaux résultats, mais ce n'est pas tout. Nous avons vu qu'il restait après l'annuité prélevée pour l'amortissement, un bénéfice de 475 millions. Sur le même taux du Crédit foncier, 184 francs capitalisés tous les ans amortissent un emprunt de cent mille francs en soixante-quinze ans, 460 millions capitalisés et à intérêts composés pendant soixante-quinze ans produiraient un capital de 250 milliards.

Le bénéfice de ces opérations ressortirait ainsi :

80 milliards pour le 1er emprunt.

80 milliards pour le 2e emprunt, et éventuellement environ :

250 milliards de capitaux constitués, par une somme annuelle de 460 millions pendant soixante-quinze ans.

Si l'on déduit les 80 milliards de l'indemnité de guerre, les bénéfices réalisés se monteraient à 330 milliards environ, sans compter les nombreux milliards que l'Etat épargnerait en empruntant à 5 % nets, sans être obligé de payer d'énormes primes de remboursement, et les frais d'émission et de publicité habituels des emprunts.

Les résultats seraient encore plus certains, si toutes les nations alliées constituaient ensemble une Banque, gérée par leurs délégués, qui émettrait des billets de banque-obligations, gagés par l'indemnité totale de la guerre, et dont toutes ensemble se porteraient garantes et solidaires les unes des autres pour le remboursement.

Par ce moyen, les petites nations, dont le crédit est détruit, et qui auront de grandes difficultés pour emprunter, même à un taux très élevé, pourraient rembourser de suite, les avances qui leur ont été faites, et indemniser leurs nationaux qui ont subi des dommages de guerre.

Comme on ne peut connaître dès maintenant, quelles seront les décisions des autres puissances, ce projet n'est prévu que pour la France, mais il pourrait tout aussi bien s'appliquer à tous les Alliés, auxquels il procurerait des avantages plus considérables, s'ils fondaient ensemble cette Banque internationale.

Organisation de la Banque de l'État

La Banque de l'Etat serait constituée avec un capital de 500 millions fournis par l'Etat, qui en aurait tous les bénéfices. Elle serait gérée par douze administrateurs, sous la présidence du ministre des Finances, et dont les gouverneurs de la Banque de France et du Crédit foncier, ainsi que le syndic des agents de change et le président de la Chambre de commerce de Paris seraient membres de droit, les autres seraient choisis parmi les présidents des grandes Banques et compagnies, les présidents des Syndicats agricoles et des propriétés bâties, les présidents des grandes administrations et des Syndicats de l'alimentation. En cas de vacances, les nouveaux administrateurs seraient nommés par les administrateurs en fonction.

La Banque de l'Etat ne ferait pas les opérations habituelles des Banques, tout son rôle consisterait à payer les coupons des billets d'Etat et à prêter par somme d'au moins 20 millions, les bénéfices réalisés chaque année, à l'Etat lorsqu'il en aurait besoin, à la Ville de Paris et aux grandes villes de France pour leurs travaux; à nos colonies pour agencer des ports, créer des routes et des chemins de fer qui leur manquent.

Afin qu'il n'y ait aucune confusion possible entre eux et entre les billets de la Banque de France, les billets de 100, 500 et 1.000 francs et leurs coupons, seraient imprimés sur trois papiers de couleurs différentes, n'offrant aucune ressemblance avec les billets de banque actuels.

Pour simplifier aussi les rouages de son administration, le recouvrement des coupons serait adjugé à une société, moyennant une commission de 2,50 à 3 % environ, mais cette société devrait s'engager à faire participer la Banque de l'Etat à la répartition de ses bénéfices nets.

Comparée aux grandes Banques actuelles, qui ont des centaines de succursales et des milliers d'employés hommes et femmes, le service de cette Banque serait assuré par un nombre infime d'agents, et n'aurait pas besoin d'un local plus grand que celui d'une simple succursale de nos Banques actuelles. C'est dire que les dépenses seraient réduites à leur plus simple expression et que l'estimation des frais, faite plus haut, ne serait pas dépassée, mais plutôt de beaucoup diminuée.

Les billets d'Etat ayant 36 coupons pour trente-six mois, seraient renouvelés tous les trois ans. A ce moment si le taux de l'argent a baissé, d'environ 50 ou 60 centimes, l'intérêt des coupons ne serait plus que de 2,40 %. Lorsque le taux ordinaire de l'argent serait à 4 %, les billets d'Etat ne donneraient plus que 2 % d'intérêt annuel, de façon qu'il y ait toujours une marge de 2 % de bénéfices pour la Banque, entre le taux où elle place ses réserves et l'intérêt payé aux billets d'Etat.

Dans quelques années, le billet d'Etat serait si bien entré dans les habitudes et si apprécié par tout le monde, que la diminution d'un pour cent d'intérêt n'enlèverait rien à sa popularité, et qu'il n'en serait pas moins recherché pour sa commodité.

Recouvrement des coupons.

Les bureaux de poste et de tabac, les percepteurs et les banques auraient une commission d'un franc pour cent sur les coupons qu'ils devraient payer sans aucune retenue, plus 0,25 % pour frais d'envoi à Paris.

Pour éviter les pertes de coupons et simplifier les contrôles successifs de plusieurs milliards de coupons en circulation, la société de recouvrement fournirait à tous les intermédiaires des carrés de carton très légers et gommés, de trois couleurs différentes, correspondant aux couleurs des billets d'Etat, ayant 25 cases au recto et autant au verso, sur lesquels les coupons préalable-

ment mouillés seraient collés, par catégories, ceux du
même prix ensemble. Pour Paris et la Seine, la société
les ferait recueillir et payer à domicile aux intermédiaires. En les portant au siège de la société, ceux-ci
auraient une remise supplémentaire de 0,25 %, soit en
tout 1,25 %.

Pour la province, la société enverrait des cartons et
caisses d'emballages solides et faites spécialement, aux
intermédiaires qui devraient payer ces envois, mais les
cartons remplis de coupons et les caisses, ainsi que tous
les frais de transports et d'assurance, seraient remboursés par la société, de façon que les receveurs de
coupons aient toujours leur commission entière. Un
envoi ne devrait pas être inférieur à mille francs de
coupons.

Les intermédiaires dans les campagnes, qui ne pourraient pas faire des envois de cette importance, remet-
traient leurs coupons aux percepteurs ou banquiers, en
abandonnant 0,50 % de leur commission quand ils
auraient moins de cent francs et 0,25 % lorsqu'ils
auraient plus de cent francs de coupons.

La société contrôlant les coupons reçus de tous les
points de la France, livrerait chaque jour à la Banque
de l'Etat les cartons de coupons réunis par catégories et
par paquets de cent cartons, soit cinq mille coupons
par paquet. Il y aurait un bureau pour les coupons de
0 fr. 25, un pour ceux de 1 fr. 25 et un autre pour
ceux de 2 fr. 50. Les cartons étant toujours d'un poids
uniforme, il suffirait aux employés de peser les paquets
déjà contrôlés par la société et ensuite de les compter,
pour connaître de suite le nombre exact et la valeur des
coupons livrés.

En trente minutes, les employés pourraient ainsi con-
trôler, avec très peu de chance de se tromper, des
livraisons journalières de 6 à 10 millions de coupons,
qu'autrement il faudrait plusieurs jours pour compter et
reconnaître, avec des possibilités d'erreurs fréquentes,
qui occasionneraient encore des pertes de temps pour
être découvertes.

Après les livraisons, les employés referaient encore le contrôle des cartons de coupons des deux côtés, en les oblitérant avec des machines rapides. Cette opération faite, les cartons seraient remis en paquet de cent cartons et pesés à nouveau pour reconnaître si des cartons n'ont pas été détournés pendant ces opérations.

Ces détails, qui paraissent insignifiants, sont donnés afin de démontrer que malgré les difficultés d'un recouvrement de plusieurs milliards de coupons de 0 fr. 25, 1 fr. 25 et 2 fr. 50, la Banque de l'Etat pourrait fonctionner avec le minimum de risques et d'impedimenta.

Eventualités à prévoir.

Les plus grands aléas et imprévus seraient surtout écartés par le fait que l'Etat pour la plus grand partie, les villes et les colonies pour le reste, seraient les seuls emprunteurs de la totalité de son capital actions et obligations, et que les intérêts seraient gagés par l'indemnité annuelle de guerre. Tout son fonctionnement serait réduit à encaisser cette indemnité ; payer les intérêts des billets d'Etat, et à rembourser à l'Etat les intérêts des fonds qui auraient été prêtés aux villes et aux colonies, s'il n'absorbait pas tous les fonds émis en billets d'Etat, correspondant à l'annuité de guerre.

Le plus important des risques à courir serait que, pour une cause quelconque, l'indemnité de guerre ne soit pas payée. L'Etat serait alors dans l'obligation de faire le service des intérêts aux billets d'Etat. Cependant, malgré cette défaillance, il aurait quand même fait une excellente opération, puisque tout en payant des arrérages moins élevés que pour ses autres emprunts, sa dette serait rapidement amortie, sans compter qu'il pourrait, selon toute probabilité, diminuer l'intérêt des billets de l'Etat, lorsque le taux de l'argent baisserait.

Cette éventualité relative à la suppression de l'indemnité de guerre ne se produira pas. Toutes les nations alliées sont intéressées autant que la France ; à ce que toutes les précautions et garanties soient prises, et elles auront toutes ensemble, les moyens de faire exécuter les conditions de la paix.

On peut au contraire être persuadé que les Boches trouveront par des emprunts, le moyen de se libérer de leur part des dettes de guerre, avant le terme fixé, afin de retrouver la libre disposition de leurs impositions.

Si la création de la Banque de l'Etat était décidée avec ou sans modification à ce projet, il faudrait que les Chambres votent une loi qui approuverait les statuts de cette Banque et l'exonérerait des droits établis sur les émissions d'actions et d'obligations. L'Etat étant le seul bénéficiaire de cette création, il serait ridicule qu'il sorte des fonds d'une caisse pour les faire entrer dans une autre de ses caisses.

Les colis postaux étant actuellement remboursés par les Compagnies de chemins de fer, par une somme maximum de 25 francs, il serait nécessaire que les Compagnies soient tenues par une loi, ou autrement, d'assurer à un taux modéré, les envois contenant les coupons des billets d'Etat recouvrés dans toutes les régions de la France, et qui se monteraient à plusieurs milliers par jour. Les colis perdus devraient être remboursés un mois après leur expédition.

L'argent à bas prix.

Les inventions les plus utiles, les améliorations les plus appréciées ont toujours eu des détracteurs, il est probable que cette création n'en manquera pas. Des esprits critiques pourront arguer qu'en jetant cette masse énorme de billets d'Etat sur le marché financier, on avilira le loyer de l'argent. A cet argument on peut d'abord répondre qu'il restera une grande partie de ces billets dans les caisses et les portefeuilles des particuliers, où ils travailleront, tout en restant inactifs, puisqu'ils rapporteront 3 %. Et si cette abondance de capitaux fait baisser le taux de l'argent, ce sera un grand bénéfice pour toute la France, car depuis la guerre il a augmenté d'environ 40 % et une baisse égale serait profitable à tout le monde.

Lorsque l'argent est cher, les fabricants de matériel agricole, les filateurs, industriels, constructeurs de vaisseaux et de maisons, etc. sont obligés de faire entrer les intérêts des capitaux dans leur prix de revient, et par conséquent dans leur prix de vente ou de location. Il s'ensuit que le blé, les produits du sol, tissus, objets fabriqués, frets et loyers sont alors d'un prix plus élevé.

Au contraire, si l'argent peut être obtenu à bon compte, il est plus facile de bâtir des immeubles; l'Etat, les villes, les départements et les particuliers font plus volontiers des grands travaux, les entreprises de toutes sortes sont beaucoup plus nombreuses, car on se base généralement plutôt sur le revenu annuel qu'ils demandent, que sur le prix coûtant des travaux à exécuter.

Or, quand il y a beaucoup de travaux, la main-d'œuvre est plus recherchée et les salaires ont tendance à augmenter, par le jeu normal de la loi de l'offre et de la demande. Il se produit alors ce phénomène curieux qui est cependant logique, que la vie est moins chère et les salaires plus rémunérateurs quand l'argent est moins exigeant, tandis que tous les produits augmentent de prix et les salaires ont tendance à diminuer quand son taux monte. C'est d'ailleurs ce qui s'est produit depuis 1870, le taux de l'argent a progressivement diminué et les salaires se sont continuellement améliorés.

L'argent à un prix bas, est l'indice de son abondance et de la prospérité générale; nous avons tous le plus grand avantage à ce qu'il revienne à un cours plus abordable, tant pour les emprunts nationaux, que pour ceux des sociétés et des particuliers.

A ce point de vue, la Banque de l'État ainsi constituée jouera le rôle très important, de remédier rapidement à la pénurie des capitaux et rendra à la nation un service inappréciable.

On pourra dire aussi que les billets d'État existent déjà, sous la forme des bons du trésor ou bons de la défense nationale, qui ont joué un rôle important pen-

dant la guerre, et que ceux-ci ont un revenu plus élevé
que celui qu'auraient les billets d'État, puisqu'ils
rapportent 5 ou 4 %, payables d'avance, selon qu'ils
sont remboursables à six ou trois mois. Or ces bons, il
faut aller les souscrire chez un banquier ou chez un
percepteur qui touchent de l'État une commission pour
cette opération, et si le souscripteur a inopinément
besoin d'argent, il doit les faire réescompter par une
banque; formalités qui demandent du temps et qui ne
sont pas toujours connues et à la portée de tout le
monde, surtout dans les campagnes, tandis que les
billets d'État seraient partout négociables sans intermé-
diaire, et même plus recherchés que les autres monnaies.
Cet avantage des billets d'État d'être toujours liquides
et disponibles ne peut pas se comparer avec les bons, et
cette différence est si appréciable que beaucoup de
maisons de commerce préfèrent déposer leurs fonds
dans les banques moyennant 0,50 % par an, plutôt que de
prendre des bons de la défense, facilement réescomp-
tables, qui leur rapporteraient 4 ou 5 %.

La Banque de France.

D'autres Français pourront craindre que la Banque
de l'État porte préjudice à la Banque de France, qui a
rendu pendant cette guerre de si grands services à la
défense nationale.

Il faut convenir que ce grand établissement a donné
à la France le concours le plus précieux et qu'on doit lui
être reconnaissant de son rôle extrêmement utile.
Cependant, si l'on examine son but, son organisation et
son fonctionnement, on s'aperçoit qu'ils ne répondent
plus à la situation créée par cette guerre. Fondée en vue
d'aider le commerce et l'industrie, et surtout pour que
l'État ait toujours en temps de guerre des espèces mé-
talliques disponibles, elle a toujours rempli cette mission
de confiance, lorsque les guerres ne nécessitaient que
quelques milliards de dépenses, mais dans cette dernière guerre, les frais ont été si considérables que les

débours d'un mois de campagne équivalaient presque à toute son encaisse or et argent, et la guerre a duré cinquante-deux mois.

On lui a donné, il est vrai, le droit de créer de nouveaux billets, mais en émettant ces billets, dans une proportion qui ne correspond plus à son encaisse, la valeur de ses billets se déprécie dans la même mesure que l'importance de ses émissions, de sorte que son pouvoir réel est limité par le total de son encaisse or et argent.

Aujourd'hui, nous nous trouvons devant une telle addition de dettes flottantes ou à court terme, que malgré toute la bonne volonté de ses administrateurs, la Banque de France n'a pas comme autrefois le pouvoir d'y remédier rapidement, le but dépasse ses moyens et ses forces financières. Pour que ses billets retrouvent à l'étranger la faveur et les primes avec lesquelles ils se négociaient autrefois, il serait même nécessaire que l'État lui rembourse les sommes avancées pour qu'elle ramène ses émissions à un chiffre correspondant à ses métaux précieux en caisse.

A la tribune du Sénat, M. le Ministre des Finances a reconnu qu'il était de la plus grande importance que les avances de la Banque de France soient remboursées le plus rapidement possible, pour que les billets de banque retrouvent tout leur crédit et leur valeur libératoire à l'étranger.

Il ne saurait donc être question de brimer sans motif un établissement aussi utile, mais de fonder un organe nouveau qui s'adapte et s'assimile mieux à une situation nouvelle, et qui permette de résoudre le difficile problème financier de l'heure présente.

Les deux banques peuvent parfaitement coexister ensemble, l'une restant la banque des banquiers, de l'industrie et du commerce, et faisant toutes les opérations bancables, tandis que la Banque de l'État ne ferait aucune des opérations habituelles des banques, si ce n'est de prêter les bénéfices réalisés, à l'État, aux colonies, villes et départements. Chacune de ces banques ayant son utilité et un but déterminé, rendrait dans sa

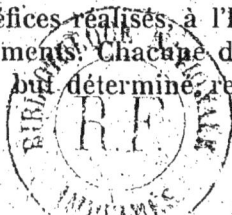

sphère et la mesure de ses moyens, des services à l'ensemble de la nation.

Cette création ne serait pas d'ailleurs sans avantages pour la Banque de France, car les monnaies d'or et d'argent, refoulées de toutes les caisses et portefeuilles par les billets d'État, afflueraient chez elle et permettraient d'augmenter ses émissions de billets, proportionnellement aux espèces en caisse, de sorte qu'elle remplirait mieux encore l'objet et le but de sa création.

Son important fonds de roulement du siège social et de ses succursales, constitué par des billets d'État rapportant 3 %, lui procurerait aussi des bénéfices qu'elle n'a pas actuellement. Les billets augmentés normalement par le chiffre de son encaisse, ne seraient pas en trop grand nombre, pour répondre aux immenses capitaux de circulation, que l'après-guerre nécessitera dans le monde entier, et ils ne tarderaient pas à être négociés au pair ou avec des primes de change, comme ils l'ont toujours été sur toutes les places étrangères avant la guerre.

Emploi des capitaux.

A ceux qui, ayant peur de tous les changements quels qu'ils soient, seront effrayés par la masse des capitaux ainsi créés avec le gage de l'indemnité de guerre, ou qui, insuffisamment renseignés sur la situation financière actuelle, doutent que l'État puisse immédiatement employer ces capitaux, comme il est prévu par ce projet, il est nécessaire de faire comprendre, qu'avant la guerre, toute la fortune de la France, en monnaies d'or et d'argent et valeurs mobilières, était estimée à 80 ou 100 milliards. Il serait par conséquent impossible, en la mobilisant même toute entière, de couvrir par des emprunts, toutes les dépenses de la guerre, qui doivent approcher 140 milliards et que de plus, il faut qu'il reste des capitaux disponibles pour développer nos grandes industries, notre commerce, nos forces hydrauliques, et mettre en valeur les deux cents et quelques concessions de mines qui étaient demandées avant la guerre.

Il est donc indispensable d'employer des mesures qui permettent de faire face aux problèmes économiques compliqués laissés par cette guerre.

Avec cet emprunt de 80 milliards, l'État pourrait rembourser les dettes flottantes, les bons de la défense nationale, les emprunts faits à l'étranger, les avances faites par la Banque de France et autres banques. Il avancerait aux villes détruites des pays envahis, des capitaux pour la reconstruction de leurs écoles et monuments. Il paierait aux compatriotes qui ont subi des dommages de guerre, l'indemnité qui leur revient, aussitôt évaluée, et il ferait de suite des avances de moitié environ, à ceux qui ont droit à une indemnité non encore estimée.

Enfin, l'État ferait une excellente affaire, en rachetant en bourse une partie des emprunts de guerre, dont il paiera près de 7 % d'intérêt, si l'on y comprend les primes de remboursement. En tout cas il ne ferait plus d'emprunt aussi onéreux pour ses finances.

Au cas où l'Etat n'utiliserait pas tous les fonds de cet emprunt, la Banque de l'Etat prêterait aux grandes villes de France, pour équilibrer leurs finances, en déficit depuis la guerre, et aux colonies, pour le développement de leurs richesses, jusqu'ici mal exploitées, à cause du manque de voies de communications économiques.

Les grandes Banques.

Ce projet ne sera peut-être pas accueilli avec beaucoup d'empressement par les grandes banques, qui paient actuellement 0 fr. 50 % d'intérêt aux dépôts de fonds à vue, sous prétexte qu'elles ne sont que les dépositaires de ces capitaux, qui doivent toujours être à la disposition des créditeurs. Les billets d'Etat étant des capitaux toujours disponibles, qui produiraient 3 % d'intérêt, les banques seraient obligées de payer un intérêt égal ou légèrement inférieur, sinon les déposants convertiraient leurs fonds en billets d'Etat et les garderaient chez eux.

Or, les dépôts en banque, se montent en France à plusieurs milliards, dont plus de trois milliards pour une seule banque. On comprend que cette création paraîtra de prime abord, diminuer leurs bénéfices, et qu'elles ne seront pas les premières à lui donner leurs adhésions.

Cependant elles y trouveraient des avantages suscep- tibles de compenser une augmentation d'intérêt à leurs déposants. En payant 3 % à des capitaux qui donnent le même revenu, cet argent ne leur coûterait plus rien, et il pourrait rester sans frais dans leurs caisses jusqu'au moment, où il serait placé à un taux supérieur, dont la différence constituerait leurs bénéfices. Puis, étant donné, les grands avantages qu'ont les industriels et négociants, à avoir des dépôts en banque, pour acquitter sans frais et sans dérangements, par chèques ou simples virements, les sommes dont ils sont débiteurs, sur les places françaises et étrangères, il est probable que les créditeurs se contenteraient d'un intérêt de 2 % de leurs dépôts, comme ils se contentent maintenant de 0 fr. 50 %.

Dans ce cas, les banques bénéficieraient d'un % sur les intérêts des billets d'Etat, et les dépôts à vue à ce taux ne leur coûteraient que 0 fr. 50 % de plus qu'actuel- lement, augmentation légère, qui serait largement com- pensée, par le fait que les fonds de roulement de leurs mil- liers de succursales, qui ne produisent rien maintenant travailleraient d'eux-mêmes, tout en restant inactifs, puisqu'ils rapporteraient 3 %, constitués en billets d'Etat.

Elles auraient une nouvelle source de bénéfices, avec les commissions payées sur deux milliards 400 millions de coupons des billets d'Etat, dont elles seraient les prin- cipaux encaisseurs, et dans les recouvrements d'effets commerciaux, elles profiteraient souvent de quelques jours d'intérêt, quand les paiements seraient faits avec des billets d'Etat avant le détachement des coupons, sur le point d'être payables.

En payant 2 % d'intérêt pour leurs dépôts à vue, elles auraient certainement beaucoup plus de capitaux dépo- sés, d'autant plus que, si l'Etat s'est fortement endetté, comme d'ailleurs tous les belligérants, la plupart de ces capitaux dépensés, sont restés en France et ont enrichi des particuliers.

Il y a au moins 60 % des Français, qui ont fait des bénéfices plus importants pendant la guerre, notamment tous les industriels qui ont travaillé pour l'armée, tous les viticulteurs, cultivateurs, armateurs, et la plupart des fabricants, négociants, commerçants, etc.

On peut s'en rendre compte par les bilans annuels des sociétés; et l'on sait qu'il y a beaucoup de nouveaux riches dont on cite les fortunes rapides. Les Anglais et les Américains auront également laissé des capitaux considérables pour leurs dépenses personnelles, de sorte qu'il y aura en France beaucoup plus d'argent après le guerre qu'auparavant.

Les banques profiteraient de cet énorme afflux de disponibilités qu'elles pourraient faire travailler utilement, si, bénéficiant du prestige de la victoire, elles voulaient bien s'intéresser plus qu'auparavant au développement progressif de l'industrie française, et occuper les places que les banques boches, afin d'aider leurs nationaux, avaient accaparées chez nos alliés et les neutres, dans toutes les parties du monde.

Elles ne pourraient cependant profiter de ces capitaux, qu'à la condition que l'Etat n'aspire pas pour ces emprunts, toutes les économies nationales, à mesure qu'elles seront disponibles. Eventualité qui ne peut être évitée que par la création des billets d'Etat, qui n'auraient que des avantages pour tous, sans avoir des inconvénients, pour personne, puisque les banques qui pourraient *a priori* se croire lésées par ce projet, trouveraient, tout compte fait, dans son exécution des avantages appréciables.

Bien d'autres objections peuvent encore être soulevées. On dira notamment, que tout le monde voulant avoir des billets d'Etat, ils seront accaparés par les grands et petits capitalistes, qui les conserveront dans leurs portefeuilles. Si cette éventualité se produisait, elle répondrait complètement aux désiderata de cette création, car elle serait tout à l'avantage de l'Etat, et serait la meilleure preuve que les billets d'Etat donnent satisfaction à un besoin réel.

Conclusions

Ce projet tel qu'il est ici présenté n'est d'ailleurs pas intangible. Il peut être modifié sur certains points, d'autant plus qu'on ne sait pas encore quelle sera l'indemnité qui reviendra à la France. Le chiffre de 80 milliards peut être augmenté ou diminué selon les circonstances et les dommages subis, et il n'est pris ici que comme une base servant à démontrer les résultats heureux que pourrait obtenir la fondation de la Caisse ou Banque de l'Etat.

Pour commencer, on peut parfaitement ne créer des billets que pour la moitié ou le quart de l'indemnité de guerre, en se réservant de monnayer le reste, lorsque leur emploi aura fait connaître les inconvénients et les avantages, que l'on ne peut discerner et prévoir aujourd'hui, et que, toute amélioration comportant des imprévus, l'expérience ferait apparaître à tous les yeux, avec une certitude indiscutable.

Pour tout résumer, il est une constatation que personne ne peut refuter, c'est que tous les belligérants ont leurs finances gravement atteintes, et les neutres qui ont aussi beaucoup souffert de la guerre et ont également besoin de capitaux, ne peuvent rien pour les aider. D'ailleurs tous les fonds disponibles du monde entier ne suffiraient pas à couvrir toutes les dettes de la guerre.

Pour trouver un remède adéquat à cette situation difficile, une nécessité impérieuse nous oblige à créer un nouvel organisme financier, basé sur la confiance et sur l'intérêt général?

Or, après avoir examiné les différents reproches que l'on pourra adresser aux billets d'Etat, on peut affirmer que cette création, comme elle vient d'être exposée et qui pourra d'ailleurs être perfectionnée, sera non seulement très profitable à la nation, mais encore à tous les particuliers, quelle que soit d'ailleurs leur condition dans la nation.

Cette création qui aurait d'immenses avantages pour les finances françaises, sera cependant moins facile qu'elle le paraît de prime abord. Il y a des intérêts particuliers qui ne s'effaceront pas devant l'intérêt général et qui se croiront lésés dans leurs exploitations commerciales.

La publicité indispensable pour des emprunts de grande importance et les commissions allouées sont très fructueuses pour de nombreux intermédiaires, et comme l'Etat doit encore émettre pour une centaine de milliards d'emprunts, on les priverait ainsi des gros profits qui reviendraient forcément à leurs corporations. D'autres intermédiaires admettront difficilement qu'un aussi grand nombre de milliards en billets de banque-obligations, puissent circuler librement de main en main, sans payer ni taxe, ni commission, et pourraient autre part porter préjudice aux autres mutations de titres.

Les grands et petits détenteurs de capitaux, qui comptent souscrire les nouveaux emprunts à 5,65 % d'intérêt avec une prime de remboursement de 29, 20 %, ou à un taux approchant, seraient désappointés si l'Etat pouvait financer l'indemnité de guerre sans leur intervention, et se dispensait ainsi de faire appel à leurs disponibilités, qu'ils ne trouveraient pas à placer ailleurs, avec des avantages aussi inusités pour ne pas dire usuraires.

Enfin, la routine et l'incompétence ne voudront pas comprendre que les lois financières, comme toutes les autres, doivent évoluer selon les circonstances où les besoins d'une nation et qu'il est nécessaire de modifier l'ancienne méthode qui équilibrait plutôt mal que bien les budgets en déficit.

Toutes ces oppositions seront, quoique peu nombreuses beaucoup plus puissantes pour faire rejeter cette innovation, que l'intérêt à la faire adopter d'une grande majorité insuffisamment agissante et renseignée.

Aussi ce projet ne sera probablement jamais mis à l'essai si des hommes d'une grande autorité ne s'attachent pas à le faire aboutir quelles que soient les difficultés rencontrées, ou si adopté par d'autres nations, ses résultats positifs rendent toute critique impossible et démontrent son utilité incontestable pour les finances actuelles de la France.

Paris. — Imp. de Vaugirard, H.-L. MOTTI, Dir., 12-13, impasse Ronsin.

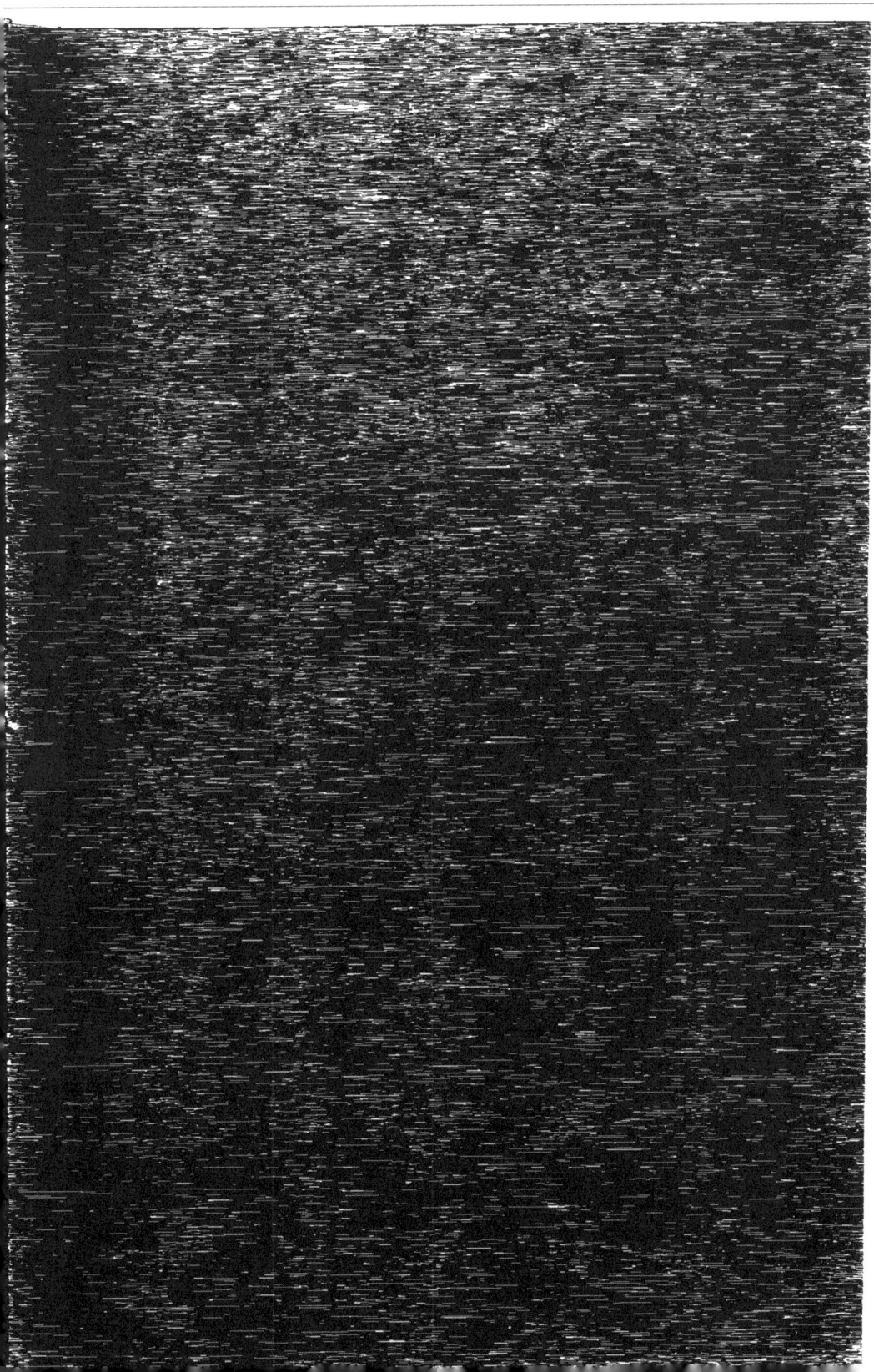

BIBLIOTHEQUE NATIONALE DE FRANCE

3 7531 04113473 6

9.951 41520CB00053B/4754 [207209877]

www.ingramcontent.com/pod-product-compliance
Lightning Source LLC
Chambersburg PA
CBHW070803220326
41520CB00053B/4754